家的细节

打造
精致简约的
轻居生活

Simply Styling
Fresh & Easy Ways to Personalize Your Home

KIRSTEN GROVE
[美] 柯尔斯滕·格罗夫 | 著　　王敏 | 译

目 录

1   对柯尔斯滕·格罗夫和《家的细节》的赞誉

5   序　言

9   引　言

001   客厅 LIVING ROOM

053   餐厅 DINING ROOM

073   厨房 KITCHEN

095   浴室 BATHROOM

115   卧室 BEDROOM

135   玄关 ENTRYWAY

143   儿童房 KID'S ROOM

155   物尽其用

           STYLE WITH WHAT YOU HAVE

171   旅途中寻宝

           STYLE WITH WHAT YOU FOUND ON YOUR JOURNEY

177   相关资源

189   致　谢

191   作者简介

对柯尔斯滕·格罗夫
和《家的细节》的赞誉

柯尔斯滕在家居设计方面眼光独特,她专注于创造舒适轻松的空间,令人耳目一新,备受启发。相信你一定会喜欢这本书——它就像一场视觉盛宴!

——Decor 8 的霍利·贝克(Holly Becker),作家、设计师

柯尔斯滕拥有让家居空间显得轻松惬意又优雅精致的罕见能力。她善于新旧搭配,运用对比强烈的形状、不同寻常的组合、恰到好处的奇思妙想,让她的设计作品简约低调而毫无沉闷之感。

——贾斯蒂娜·布莱克尼(Justina Blakeney),
设计师、作家,《新波希米亚》(The New Bohemians)一书的作者

我已经仰慕柯尔斯滕很久了,她是我认识的最可爱、最可敬的女人之一。柯尔斯滕全身心地投入到了室内设计事业中,同样地,她也全身心地爱着自己的家庭。这本书是她身心的写照,它将赋予读者灵感,使他们能发现自己的家的灵魂。

——维多利亚·史密斯(Victoria Smith),Sfgirlbybay 的编辑与发行人。

"简约"（simply）指的是"简单""不复杂"。在这本图片清新美观、赏心悦目的书中，柯尔斯滕以一种平易近人的方式，非常真诚地和我们所有人分享了她的专业建议。

巴布·布莱尔（Barb Blair），作家，
《家具大变身》（Furniture Makeovers）
和《家具造就房间》（Furniture Makes the Room）的作者

柯尔斯滕对室内设计具有新颖、时尚的专业见解。她能轻易地让一个房间改头换面。柯尔斯滕具有独一无二的才能，能将室内设计元素精简至室内空间和房屋主人真正所需要的程度，然后进行毫无瑕疵的设计。本书给出了许多独一无二的室内设计创意，这无疑是一本极佳的现代空间设计入门书。

——克里斯蒂安娜·勒米厄（Christiane Lemieux），
Lemieux et Cie 和 DwellStudio 的创始人、作家，
《精美物品》（The Finer Things）和《简约》（Undecorate）的作者

序 言

你有没有想过，什么是风格？好像有点儿难以量化。是一个人怎样穿衣打扮，还是人们怎样装饰他们的家呢？

有时，我们会用"现代""折中""传统"等词汇来形容风格。有时，又似乎难以给"风格"下一个明确的定义。多年以来，不少人苦苦想要发掘属于自己的风格，但总不得其法。这就像我们在百货公司中，试穿了一件又一件衣服，想要找到最完美的那一件，但总是对自己的选择不甚满意。

但是，有些人好像天生拥有不错的眼光。我们身边都有这样的朋友。他们有一种莫名的感觉，知道什么能行、什么不行，似乎他们是某个秘密社团的成员，手上有一本我们其他人无缘窥见的风格指南。

柯尔斯滕·格罗夫就是那个秘密社团的正式成员。"时尚感"似乎不可阻挡地从她的每个毛孔里渗透出来。我甚至不需要见到她本人就知道这一点——通过她的网站：www.simplygrove.com（"简约格罗夫"）。早在和柯尔斯滕正式见面之前，她那个既复杂精致又平易近人、既前卫时尚又经典隽永的设计风格，就深深地吸引了我。

后来，我们终于在一次设计师大会中见面了，我猜得没错。她的确非常酷，且个性飞扬。

因此，当我听闻柯尔斯滕准备把她的优雅品位融汇到一本书中时，我简直欣喜若狂。对于我们这些还在苦苦追寻个人风格、希望得到一些指导的家伙来说，柯尔斯滕慷慨地献给我们数百页的设计美图，给我们带来了丰富的信息和无穷的灵感。说实话，这样的家居环境让我们艳羡不已。我知道，只要我能从柯尔斯滕的风格指南书中取到一点点经，那么我本人——还有我们即将入住的新家——就会变得更加美好。

风格并不是一成不变的。即便你认为自己已经选定了某种风格，但下一个伟大的灵感仍然对你充满吸引力。我想告诉你，不要错过这本灵感集！

爱你的，

埃琳·希姆斯特拉（Erin Hiemstra）[1]

34号公寓

[1] 编者注：埃琳·希姆斯特拉是一名生活方式网站的负责人。

引 言

我一直酷爱室内设计……而且从 9 岁开始我就能自由自在、随心所欲地设计、布置自己的卧室了。那时候我对彩虹色、圆点、各种条纹等形形色色的色彩和图案都非常感兴趣。我倾尽所有为自己打造了一片绿洲。虽然现在我常常采用一种更加朴实、精简的流线型美学来设计，但利用手头拥有的材料，让空间改头换面的想法一直在我心中。

对于室内设计，人们似乎一直有个误解：你需要大量的银行存款，才能达到梦寐以求的效果。是啊，倘若在我们的后院中都长着摇钱树，那么我们就有钱打造梦想空间了。但在这儿我想告诉你，布置一个富有个性的家其实很容易……而且一点儿都不昂贵。只需巧用各种小物品，比如利用现在被你随意放在厨房餐桌上的杂物，就能创造出你从未想象过的、让你眼前一亮的风格。具体该怎么做，我会在下文中告诉你！

我个人的设计哲学是：在不牺牲格调的同时，让自己住得舒服。一个具有个性的舒适空间，可以是清新别致、令人振奋的。在开始学习如何在家中营造简约、雅致的风格之前，让我们先通过一种特别的方式来了解一下室内设计，这能帮助你以全新的灵感想象你的生活空间。

　　让我们把你的家想象成一首歌。我本人是一个音乐爱好者，总有音乐不断流过我的脑海、心田，当然有时还有旋律真真切切地流过我的耳膜。音乐有一种魔力，能在任何我们所处的环境中营造气氛，渲染情绪。如果你的家不仅是你个人风格的写照，同时也是一首看得见的歌曲，它呈现出一种你所向往的生活氛围，那会怎么样？

　　每当我欣赏那些优秀的室内设计作品时，我都能感觉到：所有的个体元素，都完美地促成了这一空间的总体格调。节奏是音乐的基础元素之一，也是卓越设计的关键要素。图案和布局能激活一个空间，也会让一个空间显得杂乱无章。假如一首歌曲失去了节奏，显然会变得非常刺耳。而设计上的一个小调整，就能让一首歌所渲染的情绪，或一个房间带给人的感觉，变得全然不同。本书将帮助你获得一种令人心境平和的平衡感。

　　想象一下你最喜欢的歌曲，以及它带给你的感觉。如果那是一首歌词朗朗上口、曲风清新动感的流行歌

【2】编者注:"准妈妈派对"(Baby Shower)是西方一些国家的习俗,在孩子出生前举办的欢迎仪式。

曲,那么它所对应的生活空间,会是什么样的呢?或许,是一个明亮、通风的房间,里面充满了各种有意思的图案,还摆放着你多年来收集的各种枕头。如果是一首节奏强劲的独立民谣呢?那可能就需要加入大量天然原木元素,打造一种前卫、粗犷的风格。

在我小时候,就找到了属于自己的那首歌。我记得读小学时,有一次去波特兰旅行,我非常喜欢那里的现代建筑和设计风格。这种风格一直打动着我的心。高中毕业后,我的亲朋好友开始请我去帮忙装饰、布置他们的家。我利用这些机会来学习、成长。如果你做了一个错误的决定,你的家人和朋友一定会告诉你。而且幸运的是,他们总是会原谅你。

我凭借自学走上了室内设计之路,我需要好好努力来证明我的天赋。无论是为建筑商工作,还是设计一场"准妈妈派对"【2】,我无不精益求精,力臻完美。当然,未必每次都能做到尽善尽美,但我确实给自己定下了严格的高标准。这样做有助于我形成自己的想法。我开始关注如何用较少的预算重塑空间。我希望能同时实现以下两点:第一,让我的设计显得平易近人;第二,以新颖、时尚的设计，给我的客户们带来灵感和启发。所有这些充满创意的能量都"流入"了我的博客里——www.simplygrove.com。

开通博客是一个明智的决定。当一个朋友向我提出这个建议后，我马上抓住了这个机会。我曾有过许多次、今天想起仍会为自己捏一把汗的机会。我至今还记得，我的第一位外省客户雇用我时的情景。当时他们让我坐飞机去他们的城市，帮助他们完成一个为期三天的设计项目。我抓住了这个机会，并全力以赴。我也曾多次陷入困境，但回想起来一切都是值得的。一路走来，如果没有犯错，我就永远不可能成长。

长话短说。现在，我在美国从事家居设计工作，并为国际客户提供在线家居设计服务，同时也为有影响力的设计网站撰稿。我和多个品牌保持亲密合作，并且撰写自己的博客，还写了这本书。此外，我嫁给了世界上最英俊的男人，还一起抚养着两个漂亮的孩子。

在我的家里，或者说在我的"唱片"中，点缀着各种或不拘一格或中规中矩的物件，有旅行时发现的玩意儿，还有各种斯堪的纳维亚风格的物品。在下文中，我将指引你，如何布置一个独具特色、充满个性的家，就像我的家一样——简约、迷人、醒目、舒适。希望能够帮你创造一个美好的家园——一个每当你走进家门，就顿生愉悦和宁静之感的家。这是我与生俱来的梦想，也是我快乐的源泉。跟我来吧，我将扩展你对室内设计和风格的认知，让灵感的音乐常伴你左右，帮助你设计出完美家居空间。

客厅应该反映出主人的个性和品位。
如果你热爱色彩,就将色彩引入这一空间。
如果你酷爱读书,就开辟一个阅读角。
生活空间需要被你所爱的事物包围。

LIVING
ROOM

客厅

LIVING ROOM

客厅

【3】编者注：《危险边缘》（Jeopardy）是哥伦比亚广播公司的一个益智问答游戏节目。

【4】编者注：此处作者没有明示。《幸运之轮》（Wheel of Fortune）有可能是指1975年上映的一部电影，也有可能是一个英国电视游戏节目，改编自梅尔夫·格里芬（Merv Griffin）创作的同名美国电视剧。

对大多数人来说，客厅是一个亲友聚集、共度时光的空间，也是你观看电影或是你最喜欢的电视连续剧的场所。有许多推心置腹的谈话，就发生在客厅之中。低调的晚宴在客厅中开始，也在客厅中结束。客厅能把大伙儿聚在一起，因此，设计一个舒适宜居的客厅是极为重要的。客厅应该是一个这样的空间：当你想把脚架起来时，你不必担心这样做会冒犯别人。在我小时候，我和家人有时会在客厅中边吃晚餐，边看《危险边缘》（Jeopardy）[3]或《幸运之轮》（Wheel of Fortune）[4]。在那样的夜晚，我们有时会吃塞满芝士和肉馅的馅饼，有时吃烘肉卷和蒸胡萝卜。我喜欢那些悠闲夜晚的每一刻。

客厅并不仅仅是一个专门用来展示你祖母的各式花瓶和摆设的正式场所。客厅也应成为反映你和家人生活面貌的一个空间。即便是在最时髦的空间中，也应该给人带来一种显而易见的舒适感。数年前，我和丈夫买了

LIVING ROOM

客厅

【5】编者注：Craigslist 是一个分类广告网站，创始人 Craig Newmark 于 1995 年在美国加利福尼亚州旧金山湾区地带创立。

一把酷炫至极的椅子，是 20 世纪中叶出产的。椅子送到家中后，我丈夫一坐上去，立刻觉得臀部疼痛，因为这把椅子线条粗硬、边角怪异。不用说，这把椅子只在我们的客厅中放了几个月，就被我们毫不可惜地通过克雷格网站（Craigslist）[5] 处理掉了。

客厅应该反映出主人的个性和品位。如果你热爱色彩，就将色彩引入这一空间。如果你酷爱读书，就开辟一个阅读角。生活空间需要被你所爱的事物包围。

备注

如果你家的空间有限，那么有时就得一室多用。如果你想在客厅中办公，没问题！但得注意保持书桌的整洁。使用一些雅致的器皿来储存一些实用物品。

LIVING ROOM

客厅

**客厅中
需要设计的主要区域：**

01   咖啡茶几

02   壁炉台

03   沙发

04   边几

05   墙面

06   电视柜 / 家庭娱乐中心

07   饰品摆件

08   书架

09   地毯

10   照明设备

LIVING
ROOM

客厅

01 咖啡茶几

【6】 编者注：空气凤梨（Air Plants）是地球上唯一完全靠干空气中的植物，不用泥土即可生长。它们品种繁多，既能赏叶，又可观花，具有良好的装饰效果。

咖啡茶几上能放的东西，远远不止咖啡。发明咖啡茶几的人，绝对是一个天才。咖啡茶几几乎是每个客厅必不可少的单品之一。你可以用咖啡茶几陈列你的书籍、杂志、蜡烛，甚至盆栽。一个小建议：将你的咖啡茶几划分为几个简单的区域。区域 1 可以放一堆杂志，区域 2 放一支大蜡烛，区域 3 可以摆一株小植物。如果是较大的咖啡茶几，区域 1、区域 2、区域 3 可以放几摞书，区域 4 可以放一株叶片比较宽阔的小型植物。不知道该把遥控器和其他实用物品放在哪儿吗？把它们放在有盖的篮子或木碗中吧。

咖啡茶几的高度是你需要考虑的一个重要因素。如果你需要越过咖啡茶几看电视，那么咖啡茶几上的摆件就不能太高。如果你想布置一张更为精致的咖啡茶几，可以通过蜡烛、陶器等物品来增加一些高度。

如果你想让咖啡茶几或土耳其凳来个小变身，你可以在上面放一条古董毛毯，它会立马带来休闲放松、波希米亚式的视觉效果。

你可以在咖啡茶几上陈列你的收藏品，比如黄铜烛台、陶器、罐子、书籍、杂志、空气凤梨[6]等。一个

LIVING ROOM

客厅

避免散乱的简单方法是,将它们放在一个托盘中,这样就不会东一件、西一件了。

如果你要布置一张正方形的咖啡茶几,试着混入一些圆形或长方形的物品,这样能创造出一种多维效果。同理,圆形的咖啡茶几也可以这样布置——选择添置一些正方形和长方形的物品。

LIVING ROOM

客厅

02 壁炉台

一提到壁炉台，你可能首先会想到那些传统的家用壁炉台。全世界有无数镶嵌着金边、摆着蓝色花瓶的壁炉台。如果你参考以下的几点小建议，就能立马让你的壁炉台焕然一新。

选择高度不同的摆设品。举个例子，如果你的壁炉台上放着一株高大的植物，一定要搭配一件比较短小的物品，让它俩彼此映衬。

艺术品是壁炉台的完美背景。你可以把艺术品斜倚在壁炉台上，也可以将它挂在壁炉台上方十几厘米高的地方。

如果想要打造简约之感，不妨在你的壁炉台上稍加点缀。只摆放若干小花瓶或小植物。这样的布置尤其适合华丽的壁炉台，它们不需要太多摆设。

> 添加在壁炉台上的物品：
> 1. 艺术品　　2. 植物
> 3. 陶器　　　4. 蜡烛

LIVING ROOM

客厅

03 沙发

在选择沙发方面，我们似乎有无穷无尽的选择。当你走进商店或上网浏览各种沙发的图片时，风格多样、形状各异的各式沙发和定制产品，一定会让你眼花缭乱，难以选择。你一定不想买一张对自己或家人来说都不够理想的沙发。在开始寻找前，你不妨考虑一下第 13 页的小建议。

如果沙发缺乏质感，一条盖毯就能够使其提升。将一条盖毯铺在你家沙发（或椅子）上，可以增添色彩，提升质感。

怎样摆放抱枕：

1. 摆放单数数量的抱枕，比如一个、三个或五个抱枕。

2. 为了使陈设富于变化，可以尝试混搭有图案的抱枕、条纹抱枕或纯色的抱枕。或者用一个有图案的抱枕搭配两个纯色的抱枕。也可以用两个有条纹的抱枕，搭配一个纯色的抱枕和两个有图案的抱枕。

3. 如果一共有三个抱枕，一个摆在左边，两个放在右边。如果有五个抱枕的话，三个放在左边，两个放在右边。如果是一个抱枕的话，放在沙发中间或两侧都可以。

LIVING ROOM

客厅

关于沙发的小建议

希望以下这些简单的小建议能帮助你找到合适的沙发。

1. 规格和形状

首先要考虑规格和形状。如果你想找一张可以躺卧的舒适沙发,那么你需要购买坐深较深的沙发。标准沙发的坐深为 91 ~ 96 厘米。如果你身材较高,或者你希望能蜷在沙发里休息,那么你应该选择坐深更深的沙发。通常情况下,如果你家的沙发只是一个偶尔坐坐的休息区,那么你可以考虑购买规格较小的沙发,或双人沙发。有个好办法能帮助你判断出你所需要的沙发尺寸:根据你有意购买的沙发的规格和形状,剪出一个纸质模板,把这个模板放在未来准备放沙发的那块地面上。

LIVING ROOM

客厅

2. 面料

选择最适合你的沙发面料。 美观的确很重要，但说到沙发面料的选择，功能才是关键。比如说，如果你家有小孩或宠物，那么仿麂皮就是一个糟糕的选择，因为孩子或宠物势必会给沙发造成破坏。风靡多年的皮革是一个不错的选择，不但经久耐用，而且容易清洗。但选择皮革面料的沙发时，需留意它的形状，应挑选那些更趋于流线型，而非蓬松隆起的皮革沙发。如果你选择布料，请仔细检查，确保该布料已经过特别处理，容易清除污渍。

LIVING
ROOM

客厅

3. 格调

你可以同时拥有格调和舒适。了解自己的个人风格,能帮助你在选择沙发时缩小范围。选择能反映你生活方式的沙发款式。如果你比较传统,那么簇绒沙发或带定制软垫的沙发将是一个极佳的选择。如果你比较随意,那么加上一个沙发套会显得不那么正式和刻板。如果你家的沙发利用率较高,那么这种沙发非常适合你。沙发套脏了之后,只需扔进洗衣机中即可,方便极了。如果你本质上是一个极简主义者,不妨选择流线型的沙发。如果你能找到一张又深又宽的沙发,你就不必放弃舒适。如果对你来说,舒服就是一切,那就试试组合式沙发。你可以自行组合沙发,营造完美的外观和情调。躺在这样的沙发上,说不定你几天都不想起来。

LIVING ROOM

客厅

4. 色彩

中性的色彩还是鲜艳的色彩？ 我更倾向于选择中性色系，而非色彩鲜艳的沙发。买沙发是一笔不小的投资。相信我，你最不愿发生的一幕，就是你很快就厌倦了你的沙发。如果沙发是中性色系的，你可以通过添加抱枕、沙发罩、休闲椅等物品来增添其色彩。如果你一直对某种颜色情有独钟，且对你而言那并不仅仅是一种流行色的话，那就不要墨守成规，不妨大胆采用你喜欢的颜色的沙发。

LIVING ROOM

客厅

5. 沙发床

沙发床绝对是一个好主意。 如果你的房间比较狭窄，需要一些额外的空间为客人提供住宿，那么沙发床就是一个明智的解决方案。现在的沙发床早已经过改良，和过去流行的那种笨重的、箱式的沙发床不可同日而语。你能找到许多时尚现代的样式，一点儿都看不出是沙发床。

LIVING
ROOM

客厅

04 边几

边几是咖啡茶几的延伸。墙边放置边几的一大好处是，你可以在边几上摆放一些较高的物品，而无须担心它们会阻碍你的视线。边几上可摆放台灯、较高的植物和鲜花，以及若干相对较小的物品。把握一个原则：边几上摆放的物品，以三五件为宜。一个完美的造型搭配是：一盏台灯、一株植物和一件小瓷器。

LIVING ROOM

客厅

05 墙面

你是否曾经想打造一面完美的画廊墙,但它却成为一项艰巨的任务,以至于你放弃了,并懊恼地在墙上砸出了一个洞?想要打造一面美观的画廊墙的关键点,就是别太把它当成一回事。画廊墙根本就不需要尽善尽美。实际上,它应该有那么一点儿不拘一格,有点儿凌乱、有点儿精彩。如果你挂的是小型或微型美术作品,画框之间应间隔7厘米左右。标准尺寸的画框(即尺寸为5厘米×7厘米、8厘米×10厘米、11厘米×14厘米、16厘米×20厘米、24厘米×36厘米)之间的最佳间距是10～12厘米。

你不需要创建一面画廊墙来填充整个墙面空间。只需在墙上挂一两件美术作品,就能使空间增添不少色彩和图案。

字体设计艺术已经流行了好多年。这是一个非常棒的选择,能让你在自己的生活空间中,尽情展现自己的个性。但你得节制一点儿。谨慎地使用它比用文字填满墙上的每一寸空间要美观得多。

LIVING ROOM

客厅

画廊墙的风格

按照以下步骤,为你的居室设计一面适宜的画廊墙。

1. 相片 / 肖像画

如果你收藏了一些全家福相片,甚至是一些旧式的肖像画,不妨将它们全部展示出来,这样做既时尚又有意义。在展示相片和肖像画时,可以尝试混搭不同的相框,这样能带来一种轻松随意之感,而不会显得过于刻板。这样的外观对走廊或楼梯的墙面布置来说,是非常完美的。

**LIVING
ROOM**

客厅

2. 黑与白

黑与白是永恒的经典。 如果你想多一点儿经典,少一点儿俗丽,可以选择全黑白的图片。如果你想让整体形象更加和谐一致,可以搭配全黑或全白的框架。

LIVING ROOM

客厅

3. 古董

艺术能赋予你的居室神奇魅力。 将古董艺术品搭配在一起,能带来高雅的美感。在你的生活空间的焦点墙上建一个古董画廊,能立刻营造出不俗的格调。

LIVING ROOM

客厅

4. 无框架

无框架艺术品比较适合那些随性的、喜欢波希米亚风格的主人。你可以用纸胶带、普通的黑胶带或大头钉,将这些艺术品固定在墙上。选用各种尺寸的无框架艺术品。你在画廊中添加的东西越多,你的画廊就越有表现力。

LIVING ROOM

客厅

5. 摄影作品

你有有意义的摄影作品吗? 摄影作品的合集是最棒的画廊墙!你甚至可以围绕某个特定的主题创建集合,例如,旅行、家庭、建筑或你的宠物。你可以尽情发挥你的想象力。

LIVING ROOM

客厅

6. 别出心裁的色调组合

我采用黑色、金色、白色、棕色,还有一点儿绿色和蓝色,在我的生活空间里设计了一面画廊墙。各种色彩互相映衬,整体看上去非常和谐。别出心裁的色调组合还能营造出一种精心布置、精致典雅的氛围。注意,框架和艺术品本身的色调应保持一致。

LIVING ROOM

客厅

7. 微型艺术品

如果你家的墙面不大,你同样可以好好布置,创建一个美妙的微型艺术画廊。跳蚤市场和旧货商店都是寻找微型艺术品的好去处。

LIVING
ROOM

客厅

8. 同一种框架

选用不同尺寸的同一种框架,以及色调相似的照片,打造一面精妙、整洁的画廊墙。对于极简主义者来说,能这样布置居室简直太完美了。

LIVING
ROOM

客厅

06 电视柜 / 家庭娱乐中心

说到客厅设计，几乎绕不开一个话题：是否要摆放电视机。这完全由你决定。你的决定有可能取决于：你家是否有一个可以放置电视机的家庭娱乐室或多媒体娱乐室。在电视机周边进行装饰布置可能是件棘手的事。因为电视机属于大体积的家用电器，还亮闪闪的，你无法彻底遮掩它，除非你把它放在一个落地式电视机座架中，或将它藏在嵌入式镜子或一件艺术品的后面。我比较喜欢的一个小诀窍：在电视机周围打造一个艺术画廊，那么人们就会将大部分的注意力，从电视机转移到你陈列的美丽艺术品上。

LIVING ROOM

客厅

07 饰品摆件

【7】 译者注:"Vignette"一词兼有"小品文"和"饰品摆件"之意。

"饰品摆件"(Vignette)[7]现在绝对是一个时髦的词——一个非常重要的词。饰品摆件能让你的居室,从普普通通的模样,摇身一变一跃成为杂志中的经典。在室内装饰的世界中,"饰品摆件"指的是能够创造令人愉悦的焦点的一小组物品组合。这组放在桌子上或架子上的物品组合,由多种不同的物品组成。这样一组饰品摆件,能创造一个让人赏心悦目的视觉焦点。你可以利用已有的物品来创建一组完美的饰品摆件,以展现你的生活情调和品位。你只需要一个平整的表面,比如梳妆台、餐具柜、书架或橱柜表面。

LIVING ROOM

客厅

可用于饰品摆件的一组物品：

1. 陶器或陶瓷花瓶
2. 艺术品和摄影作品
3. 植物
4. 镜子
5. 旅行带回来的有趣物品
6. 书籍和杂志

LIVING ROOM

客厅

关于饰品摆件的小建议:

1. 在光线明亮的地方布置一组饰品摆件。
2. 选用兼容的色彩,和客厅整体色调保持一致。
3. 陈列物品数量应为单数。
4. 一个特定的主题有助于营造和谐一致性。
5. 选择各种高度、深度和质地的物品。

LIVING
ROOM

客厅

08 书架

书籍很重要，因此书架也很重要。虽然你拥有一个书架，但并不意味着你得把书架中的每一寸空间都塞满书，或者只摆放书。你可以将书籍放在各种装饰品旁边。比如，将书堆放在一组陶器旁，或者在书旁边放一盆植物，这样既简洁又美观。另外一种陈列方式是，将你的书籍竖放，仅仅露出书脊，营造中性外观。你可以在书架上摆放木器、瓷器工艺品，以及天然金属装饰品。书架上应该陈列你所喜爱的、能代表你风格的物品。

在书架上摆放一些你在旅途中收集来的物品，这将立刻给你的家带来一股文化气息，彰显个人魅力。在我的家中，我最喜欢的物品都是多年来在旅途中逛跳蚤市场和小店铺时收集来的。

LIVING ROOM

客厅

09 地毯

几乎每个房间都需要铺上一块地毯,特别是铺设硬木地板或瓷砖地板的房间。想要找到一块完美的地毯并不那么容易。预算和规格似乎总是不尽如人意。如果你可以挥霍,那就挥霍吧。你永远不会后悔拥有一块美丽的地毯,它将给空间带来丰富的质感和对美丽图案的视觉享受。我家客厅的地毯,至少已被我换过五次了。每次换上新的地毯,整个房间都会大变样。这说明,地毯具有一种神奇的魔力。

如果你想给一个中性的空间增添一抹亮色,就铺上一块五彩缤纷的地毯。如果你希望保持简约低调的斯堪的纳维亚风格,就铺上一块纯色、中性的地毯。地毯真的能改变一切!

LIVING ROOM

客厅

怎样布置地毯：

1. 如果你的沙发背靠着墙，地毯应该足够宽大，足以铺展到你的脚下。

2. 如果你客厅中的家具摆放在客厅的中央，你需要一块足以铺展到所有家具下方的地毯。

3. 地毯宁大勿小。

· 关于地毯类型的更多信息，参见第 140 页。

LIVING ROOM

客厅

10 照明设备

我坚信灯光照明可以创造或破坏一个空间。你曾经走进过一个亮着怪异的橘黄色灯光的空间吗？或者一个光线极其昏暗，以至于无法看清眼前事物的房间？有充足的灯光总比光线不足好。

LIVING ROOM

客厅

最佳家居照明选择：

1. 普通照明或环境照明相当于一个房间的整体照明。它能照亮整个房间。环境照明设备包括：枝形吊灯、普通吊灯、活动式投射照明灯和壁灯。

2. 在工作区或阅读区准备照明灯。照明灯的灯光应该比你的环境照明灯光更加明亮，两者的对比有助于聚焦特定区域的灯光。

3. 重点照明能突出一个特定的区域，比如一件艺术品或一组饰品摆件。重点照明能在物品周围形成一个阴影，带来一种戏剧性的效果。壁灯和景观灯是最常见的重点照明光源。

让亲朋好友围坐一桌、欢聚一堂，
能让我们暂时摆脱生活中的种种压力，
给我们的家带来祥和与喜悦。
因此，我们应该珍惜生活中的这一美好时刻，
创造一个温馨的聚餐环境。

DINING
ROOM

餐厅

DINING ROOM

餐厅

我最喜欢的电影是《儿女一箩筐》(*Cheaper by the Dozen*),1950 年和 2003 年的两个版本我都喜欢。我非常喜欢一家人围坐在餐桌前的这幅画面。它总会让我憧憬:拥有一个自己的大家庭,餐桌旁的每张椅子上都坐着家人。餐厅充满了怀旧的意味。即使我们未必每天都会使用餐厅,但它仍然是我们举办晚宴、生日宴会、家庭大型庆祝活动的场所。我的祖母总会把餐厅布置得非常完美。她有一张华丽的餐桌,以及与之相配的餐具架和餐具柜。她的瓷器总是被洗刷得干干净净,等待客人随时取用。餐桌中央的摆饰,也被她布置得非常完美,我的餐桌不能与她的相提并论。我欣赏她在招待客人时的用心,她让客人们觉得,自己周围的一切都十分美好。而这一切都是在经济并不宽裕的情况下做到的。我并不是说,我们都得像《反斗小宝贝》(*Leave It to Beaver*) 中的琼·克利弗(June Cleaver)那样生活。我想说的是,

DINING ROOM

餐厅

让亲朋好友围坐一桌、欢聚一堂，能让我们暂时摆脱生活中的种种压力，给我们的家带来祥和与喜悦。因此，我们应该珍惜生活中的这一美好时刻，创造一个温馨的聚餐环境。

由于餐厅需要的物品最少，你可以在这个房间多投资一点儿。而且，与其他房间相比，它的风格可能不那么沉闷、保守，可以比其他房间考虑得更仔细一些。举个例子，每个餐厅都需要一张餐桌、几把餐椅、一个用来储物的餐具柜，还有充足的照明。在这些要素全都落实之后，你可以再添置一些能够带来时尚感的物品。艺术品也能在餐厅中扮演重要角色。利用艺术品将你的个性注入这一空间。如果你想要打造一个更加有趣、喜庆的餐厅，可以选择一些色彩缤纷、动态感强的艺术品。如果想让你的餐厅整洁、精致一些，可以选用趋于中性、简单的艺术品。

DINING
ROOM

餐厅

餐厅中
需要设计的主要区域：

01 餐具柜 / 餐具架

02 桌和餐椅

03 墙面

04 地毯

05 照明设备

DINING ROOM

餐厅

01 餐具柜 / 餐具架

餐具柜并不仅仅是用来储物的，它也是摆放饰品摆件的绝佳位置。在餐厅中进行软装设计很简单，因为你可以使用餐具和瓷器来装饰表面。你可以试着堆放一叠白色的盘子，将它们放置在马克杯或玻璃器皿旁边。在四周摆放一些绿色植物。如果你需要更多的色彩和质感，可以在一组饰品摆件的上方悬挂一些艺术品。

布置晚宴环境：

1. 从你家后院中采集一些绿色植物。将植物枝条插在花瓶中，或者将它们平放在桌上，展示植物的整体效果。

2. 混搭各种餐具。同时使用古董餐具和新式餐具，营造时尚、轻松的氛围。

3. 跳出俗套，采用金色或黑色的扁平餐具，而不是经典的银色餐具。你会爱上这样的风格！

4. 布质餐巾能立马让原本乏善可陈的餐桌显得品位不俗、精致讲究。

DINING
ROOM

餐厅

02 桌和餐椅

你是否考虑过，该在餐桌中央放些什么？我们不能总放鲜花，而水果如果放得太久就会腐烂。一个办法是用蜡烛、花朵或植物，以及你最喜欢的碗，创建一组饰品摆件，或者放上一件雅致的大型瓷器或一个空无一物的木碗。这只是一些建议。还有一个选择是：收集一些黄铜烛台，把它们放在餐桌中央。

是否要给餐桌配上成套的餐椅，这是个需要考虑的问题。如果你混搭不同风格的餐椅，将会立刻营造出俏皮、悠闲的氛围。如果你使用成套餐椅，将带来略显成熟、保守的感觉。在这点上，你的个性是一个重要的决定性因素。你是一个喜欢二手商店、冰爽啤酒的潮人，还是更钟情于巴尼斯纽约精品店、香奈儿家的那些玩意儿？有一种设计同时适合这两种类型的人：使用与餐桌成套的餐椅，但餐桌前后两端的椅子除外。这一简单的细节，能够带来一种既时尚又俏皮的情调。

DINING
ROOM

餐厅

03 墙面

凡是一切适用于客厅墙面设计的规则,也同样适用于餐厅墙面设计。可以选择一面反映主人兴趣所在的画廊墙,也可以选用大幅艺术品。

DINING ROOM

餐厅

04 地毯

记得为你的餐厅选一块经久耐用的地毯,并要确保这块地毯易于用真空吸尘器打扫。很可能你想购置一块浅色或蓬松的地毯。但是你要知道,食物和饮料很容易掉落或溅落在餐厅的地毯上,一旦发生了这样的事,你就得一直忍受那块难看的污渍。

至于地毯的规格,可以参照餐桌的长宽,然后分别加上 5 厘米。在绝大多数情况下,餐桌下需要铺上一块至少有 240 厘米宽的地毯。

DINING ROOM

餐厅

05 照明设备

说到餐厅照明设备的选择，你得首先考虑你需要什么，然后再考虑你想要什么。考虑到餐厅空间的大小，你是否需要更加明亮的光线？你是否需要延展性更佳的照明设备？普通吊灯和枝形吊灯都有各种不同的形状和规格。对于餐厅设计，我常常说，要么不做，要做就要做得彻底。选择能彰显主人个性的灯具。无论你选择什么，它都能成为为你空间增光添彩的绝佳载体。

DINING ROOM

餐厅

在餐厅中悬挂枝形吊灯/吊灯的小建议：

1. 悬挂在餐桌上方的枝形吊灯，其直径应该比餐桌的宽度约窄 30 厘米。这样能避免脑袋撞到吊灯。

2. 枝形吊灯应悬挂在餐桌正中央的上方，除非你在餐桌上方安装了两盏枝形吊灯，而不是一盏。

3. 灯具应悬挂在餐桌上方 76~86 厘米的地方。这一原则在厨房岛中同样适用。

4. 对于那些高度超过 2 米的挑高天花板，天花板每增高 30 厘米，灯具的悬挂高度应增加 7 厘米左右。如果你家的天花板约 3 米高，那么你的灯具应悬挂在餐桌上方约 1 米处。

我们能在厨房中创造奇迹。
我太喜欢那种闻着厨房飘来的香味，
从睡梦中醒来的感觉了。

KITCHEN

厨房

KITCHEN

厨 房

　　厨房——这是一个家的心脏。它给我们带来了无穷的欢乐,在这个空间里,一眨眼的工夫就有那么多人聚集在一起。厨房一直是家中最讨人喜欢的场所。为什么?因为我们能在厨房中创造奇迹。在我小时候,我最喜欢的节日就是感恩节。我太喜欢那种闻着厨房飘来的香味,从睡梦中醒来的感觉了。

　　我的妈妈是一位顶级的苹果派烘焙大师。她的苹果派做得很好。她还会时不时地用我们吃剩下的面包皮,做一种她称之为"顺手牵羊"的小点心。那是一小块四四方方的涂了黄油的面包皮,撒上肉桂和糖。这种小点心是我们感恩节晚宴的前奏。在我们耐心等待感恩节大餐时,它总能满足我们的口腹之欲。当她开始烘焙这种小点心时,我立刻就能闻到香味。当然了,我们这些孩子一到那个时间,就会在烤箱前来回晃悠。即使你不会烹饪或烘焙,也能在厨房中做些什么。每天早上,我

KITCHEN

厨房

都会去厨房煮上一壶咖啡,做点儿花生酱吐司。也许我并不是茱莉娅·蔡尔德(Julia Child)那样的名厨,但至少我可以享受我的厨房。

正是厨房空间中的各种小细节,让一个厨房显得那么温馨、友善。我也许是第一个能够接受一尘不染的厨房的人,这样的厨房会让食物发出诱人的光泽。但我也喜欢温暖的空间,不觉得枯燥无味。因此,混搭一些能够带来质感和颜色的装饰物是至关重要的。虽然,厨房的风格可能有点儿棘手,你必须考虑到那些电器、各种餐具和一些不那么迷人的细节,但我有不少小建议和小诀窍,或许能帮上一点儿忙。

KITCHEN

厨房

厨房中
需要设计的主要区域：

01　开放式置物架

02　长台面

03　厨房岛

04　照明设备

05　地毯

KITCHEN

厨房

01　开放式置物架

开放式的置物架能展示你所有那些漂亮的厨房器具，这样的设计安排也能拓宽空间，让厨房显得更大。我曾听一些客户说，他们不敢或不愿使用开放式的置物架，因为他们担心这种置物架会累积灰尘。是的，会累积灰尘，但没有什么是小鸡毛掸子，外加一点儿肥皂和清水搞不定的。在我家中，我们把日常使用的碗碟都摆放在开放式的置物架上。其实碗碟损耗的速度，比它们累积灰尘的速度更快。

> **备注：**
> 不要忽略厨房的窗台。窗台是摆放小型绿植的完美场所。无论如何，植物需要光照，所以这是双赢。

KITCHEN

厨房

在开放式的置物架上陈列什么：

1. 餐具
2. 玻璃器皿
3. 花瓶和陶瓷
4. 陶罐
5. 碗和托盘
6. 马克杯
7. 砧板
8. 绿色植物
9. 烹饪书
10. 厨房用具

·欲打造整洁、现代的外观，可以只陈列同一色系的物品。比如，只摆放白色的餐盘、玻璃器皿，以及几个黑色的陶器。

·欲打造不拘一格、波希米亚式的外观，可以陈列各种色彩和质地的陶器，同时混搭木制品。

·欲打造井然有序的外观，可以将你的物品按系列展示。比如，将所有的餐具放在一边，所有的玻璃器皿放在另一边。

KITCHEN

厨房

02 长台面

说到厨房台面，我是一个极简主义者。东西太多会让我心情紧张。有的人喜欢把所有的家用电器都藏起来，但对于小厨房来说，这通常不可行。厨房台面需要摆放各种电器，导致各种电线乱成一团，这可一点儿都不美观。然而把所有电器都藏起来是不现实的，不过总有办法可以充分利用你的厨房台面，安置好你的必需品。说到底还是整理的问题。你真的会每天使用那个食品切碎机吗？那个霓虹灯橙色的小罐，是必不可少的吗？如果你精简得太多了，以后完全可以再把东西放回来。

陈列在厨房台面上的一些物品：

1. 砧板
2. 咖啡机
3. 草本植物
4. 一个装满木制餐具的花瓶
5. 一碗水果
6. 鲜花
7. 时尚、干净的烤箱

KITCHEN

厨房

03 厨房岛 [8]

[8] 编者注：厨房岛（Kitchen Islands）指工作台在厨房中间的厨房布局。

不要在厨房岛上放置太多物品。摆放太多东西，会给人一种凌乱感。我建议，用一个大木碗或一个柳条托盘盛放叠在一起的餐具或装饰物，保持简约的风格。在厨房岛上放一大束鲜花是最佳的。有谁不喜欢鲜花呢？

KITCHEN

厨房

04 照明设备

厨房需要良好的照明。谁喜欢在黑暗中烹饪呢？首先，可以用嵌入灯提供整体照明。至于厨房岛的照明，你需要安装 2～3 盏吊灯，除非你选择使用一盏大枝形吊灯。至于水槽上方的照明，选择能够提供直射光的小型光源。

KITCHEN

厨房

你该选用哪种灯泡:

1. **白炽灯泡**。这是一种传统灯泡,我们大多数人已使用这种灯泡多年。白炽灯泡能发出温暖的白热光。

2. **紧凑型荧光灯泡(节能灯泡)**。这种灯泡能节约75%的能量,并且使用寿命比白炽灯泡更长。荧光灯泡通常发出冷光,但有不同亮度可供选择。

3. **发光二极管(LED)**。这种灯管和节能灯一样节能,但它们的使用寿命是后者的三倍。最初它们主要用于任务照明,因为它们只提供一种强烈的、刺眼的直射光线,但现在已经过改良大有改善。现在它们能发出类似白炽灯泡的光线,且非常节能。这种灯管手感没有那么烫热,并且能使用很长时间。这种灯管虽然有点贵,但考虑到使用寿命长,仍然值得购买。

4. **卤素灯泡**。这种灯泡能发出明亮的白光,类似天然的日光。卤素灯泡非常适用于工作照明。

KITCHEN

厨房

05 地毯

在选择厨房地毯时,首先必须考虑耐用度,其次才是美观问题。如果这块地毯很快就会成为垃圾,那么再漂亮、精美,又有什么用?我们可以选择一块羊毛或合成材料制成的短绒小地毯。短绒地毯比其他织物的抗污力更强,用一点儿肥皂和水,就能轻松地将它清洗干净。如果你要把地毯铺在经常走动的地区,比如水槽前,你也许需要购买一块耐洗的地毯,这样你就可以将地毯扔进洗衣机里清洗。

因为厨房通常是一个简洁、中性的空间,所以铺上一块有图案的地毯似乎是个不错的主意。另外,如果你想给厨房增添一点儿色彩,但又不想给你的橱柜上色的话,那就铺上一条色彩鲜艳的地毯,让它和周围环境形成鲜明对比。

我们可以找到各种颜色和形状的瓷砖。
用各种小细节来充实浴室空间，
这可以是一个非常有趣的过程。

BATHROOM

浴室

BATHROOM

浴室

[9] 编者注：富美家（Formica）于1913年在美国俄亥俄州成立，是一家生产美耐板的国际公司。目前富美家生产的表面装饰饰材产品，已被广泛运用在家具制造、卫生间隔间、列车、船舶、橱柜和电梯内部装饰等方面。

　　作为一名设计师，我最喜欢设计的空间就是浴室。浴室已经远离了带状灯和蓝绿色富美家（Formica）[9]塑料贴片的年代了，还记得"橙色就是一切"的浴室设计阶段吗？还有，我们别忘了那可怕的毛茸茸的粉红色马桶盖，它存在于全球各地的家庭里。那时候我们都没有考虑细菌问题吗？太恶心了。

　　浴室的设计必须和房子里其他房间的设计一样被仔细考虑。糟糕的浴室设计会影响别人对居室的整体印象。举个例子，几年前，我曾在南部一家提供早餐的旅店入住。从前厅到大厅的装修绝对亮眼。每个卧室都让你感到温馨舒适，以现代美式风格装修的餐饮区也非常棒。然后我得说说浴室了。这家旅店的浴室采用了棕色和黄色色调，使用棕色油毡地板，还贴着棕色印花墙纸。提醒一下：盥洗室中的"那些东西"已经是棕色和黄色的了，所以请避免使用这两种颜色的组合。

BATHROOM

浴室

如今，进行浴室设计的目的是：打造一个干净卫生、明亮美观的空间。我们可以找到各种颜色和形状的瓷砖。用各种小细节来充实浴室空间，这可以是一个非常有趣的过程。浴室正变得越来越时尚，浴室设计也变得越来越容易了。没必要在浴室中堆砌各种装饰品，如各种小玩意儿和女性身体小瓷像。

BATHROOM

浴室

浴室中
需要设计的主要区域：

01　浴室台面

02　浴缸

03　马桶

04　置物架

05　照明设备

BATHROOM

浴室

01 浴室台面

也许一不小心,你就会在浴室台面上堆满各种瓶罐、刷子等杂物。清理掉各种杂物,只在浴室台面上摆放你认为具有美感的物品。走进一个干净整洁、没有杂物的浴室的那种感觉,我相信你一定会爱上的。

利用以下物品布置浴室台面:

1. 用托盘盛放各种瓶罐、洗漱用品是非常理想的。

2. 小篮子或罐子能把你不想被别人看到的东西全都藏起来。

3. 高罐子能放牙刷和剃须刀。

4. 在二手商店和跳蚤市场能找到适合摆放在浴室台面上的古董和装饰瓶。

5. 用玻璃罐放棉球和其他必需品。

6. 不要扔掉那些精致的香水瓶,你可以把它们当作装饰品。

BATHROOM
浴室

02 浴缸

浴缸周围的布置有点儿棘手。一个木质托盘，或者一个安装于浴缸上方的金属网架，能摆放瓶瓶罐罐、擦手巾、花朵和蜡烛，让你能舒适地洗一个放松身心的泡沫浴。如果你的浴缸边放不下托盘，就摆放几个漂亮的瓶子，并在浴缸尾部放一盆花，这样就可以了。

BATHROOM

浴室

03 马桶

如果你的浴室面积较小,你需要尽可能地充分利用空间。马桶后面的区域,就是可以利用起来的空间之一。用一个长而窄的托盘,摆放漂亮的瓶子、绿植或其他装饰品,可以提高你家浴室的格调。

BATHROOM

浴室

04 置物架

你可以把浴室中的开放式置物架布置得非常美观。你可以在置物架上展示你喜欢的物品。我在旅行途中收集了一些瓶子,我把它们摆放在马桶上方的悬空置物架上。

你也可以考虑用一个大篮子或旧木箱存放备用的卫生卷纸。

BATHROOM

浴室

摆放在浴室开放式置物架中的物品：

1. 古董瓶

2. 有黑白印刷字体的玻璃瓶

3. 香水瓶

4. 木碗和木罐

5. 小绿植

6. 废弃的糖罐（它们不仅很漂亮，而且还能储放一些小物件）

BATHROOM

浴室

05 照明设备

根据你的浴室的格局，你需要用到几种不同的照明方式。首先是嵌入灯，然后是梳妆灯，梳妆灯可以成为一个设计上的亮点。无论你打算使用壁灯还是嵌入灯，注意添加一些能让你的浴室提升格调的物品。

关于梳妆灯的建议：

1. 在镜子上方安装壁灯。

2. 在镜子两侧安装壁灯。

3. 在镜子两侧安装吊灯。

你是否曾经在翻阅杂志时，
偶然发现了一个一眼看上去完美无瑕的卧室，
然后你就开始梦想，
有朝一日你也能拥有一间如此精美的卧室？

BEDROOM

卧室

BEDROOM

卧室

卧室似乎总是项目清单上的最后一项，特别是主卧。尽管我们要在卧室中度过生命中半数以上的时间，但我们仍然没有将卧室设计当成头等大事。当我和丈夫买下我们的第一个家时，我们对家中的每个房间都很关注，唯独卧室例外。卧室成为我们堆放待洗衣物、无处安置的物品、多余无用的家具的地方。有一天，我躺在床上环顾四周，顿觉悲从中来。这是唯一一个，在我们经历漫长的一天后，能为我们的身心提供庇护的房间，现在竟然成了一个毫无特色的杂物间。第二天，我立刻彻底打扫清理我们的卧室，并将其重新进行规划。我把每件家具都搬出了卧室，包括床在内。我需要重新布置整个空间。不到 12 个小时，我就创造出了一片小小的绿洲。除了花费一点儿时间和精力之外，我根本没有付出任何代价。你是否曾经在翻阅杂志时，偶然发现了一个一眼看上去完美无瑕的卧室，然后你就开始梦想，有朝一日你也能拥有一间如此精美的卧室？你当然可以拥有一间

BEDROOM

卧室

精美的卧室，无论你愿意付出多少财力和精力，你都能拥有那样的一间卧室。千万别在各种杂物的包围之中，压力重重地上床睡觉。生活本就艰难，为何不为自己打造一片能让你平静宁和的空间呢？

打造一个时尚现代、令人放松的卧室的第一步，就是腾空所有物品，一切从头开始。你根本不需要购买什么新东西。当然，全部换新会更简单一些。在你搬走了卧室中的大部分物品之后，你需要判断，目前的家具布局是否合你心意。如果你的卧室中有一扇大窗户，试着把你的床放在每天早上醒来之后就能眺望窗外的位置。或者，如果你有一大片空间需要装饰，你可以借此时机，打造一块完美的休息区域，你可以每天早上坐在那儿享受一杯咖啡。

一旦你设计好完美的空间布局规划后，就可以开始布置你的床。我赞成白色或中性的寝具。宾馆选用这样的寝具是有原因的，让你觉得自己就像生活在温泉疗养中心一样。你也可以在自己家中，享受住在温泉中心一般的体验。如果你想给床增添色彩或提升质感，可以选用色彩鲜艳的盖毯、被子，或摆放几个鲜艳的抱枕。

BEDROOM

卧室

卧室中
需要设计的主要区域：

01 梳妆台

02 边几

03 床

04 地毯

05 照明设备

BEDROOM

卧室

01 梳妆台

卧室梳妆台上可以摆放各种物品，包括装饰品、衣服和其他随机物品。

5个简易的步骤帮你打造一张梦想中的梳妆台：

1. 首先，撤去一切你现在放在梳妆台上的物品。同样，清除一切现在悬挂在墙壁上的物品。

2. 在梳妆台上挂两个壁件——一个是功能性的，另一个是装饰性的，它们将会立刻把人们的目光引向梳妆台的上方。

3. 将书籍或杂志堆放在梳妆台上，创建一个新的层次。这样做也能引入更多的色彩和图案。

4. 添加一些个人物品，比如：植物、珠宝、小罐子，甚至还有香水瓶。

5. 作为额外奖励，你可以在墙上挂一个偏离壁件的挂钩，在上面挂上你最喜欢的那几串项链。

BEDROOM

卧室

02 边几

边几应该布置得简单一点儿（以免发生半夜打翻东西之类的事情）。少数必需品包括：一盏台灯、时钟、书籍、蜡烛、戒指碟，还有一件意义非凡的装饰品，为这个角落增添些许格调。不要把这片区域布置得过于复杂。让它保持宁静之美。

BEDROOM

卧室

03 床

床铺怎样布置,就看你的喜好。你是否更喜欢简洁的床铺?包括一床被子、一条毯子和几个枕头。或许,你喜欢亮眼的外观,那就需要增添一些色彩,还要多放几个抱枕。

如果你想采用多种图案的床品,应尽量使用同一色系以保持协调感。混搭不同质地和图案的床品,能使卧室充满温馨感,且富有个性。

关于寝具外观的一些选择:

1. **现代、凌乱的床铺。** 营造这种闲散的格调需要多几条褶皱,床单不要全部塞入床下。为了让人看出这是有意而为之,可以将你的枕头抖松,并多添加几个抱枕。

2. **整洁、体面的床铺。** 干净的线条、叠好的毯子、没有褶皱的床单,看上去就像酒店的床铺。你需要放上几个枕头,还需要将一条盖毯放在床尾,完成整体搭配。

3. **年轻、时尚的床铺。** 这一风格介于以上二者之间。在床上铺一层床单,在上面铺一床被子。放上几个色彩和质地各异的枕头。

BEDROOM

卧室

04 地毯

卧室中可铺地毯,也可不铺。而铺上一条地毯的最大原因是为了保暖。在床下铺地毯时,要从床底三分之二的地方开始铺展。

BEDROOM

卧室

05 照明设备

无论你的卧室是一个温馨的小房间，还是一个超大的主卧套房，你应该都会需要温馨、柔和的光照。昏暗的卧室有助于提高睡眠质量，但为了完成你的各项日常事务，你仍然需要一定亮度的光线。台灯或床铺两侧的壁灯，对于深夜阅读来说必不可少。但台灯或壁灯不该是你卧室中的唯一光源。你也可以考虑安装嵌入灯，对于任何房间来说，嵌入灯都是提供环境照明的不错选择。另一个能够提升格调的选择是，安装一盏嵌入式的吊灯或枝形吊灯。采用台灯补充顶灯的光线，或在桌子上方安装吊灯或具有旋转臂的壁灯，这样就能为书籍腾出一点儿空间。

为了进一步烘托卧室的气氛，可以选用调光开关，能够调节亮度的环境照明光源。较为柔和的灯泡也能防止由于卧室光线太明亮而引起的不适感。

如果你的卧室的墙壁上有艺术品或摄影作品，你可以考虑在那儿增加局部照明。

BEDROOM

卧室

良好光照的小建议:

1. 在你卧室的一端或一侧放置一盏落地灯,这样不会阻挡视线。

2. 至少要照亮房间中的三个角落。你可以将其中的一个光源聚焦于某一物体上,比如一件古董或一件艺术品。

3. 采用各种台灯和落地灯,让一部分光源向下发光,一部分光源向上发光。

4. 采用调光开关。如果你的卧室中安装了一盏顶灯,尽量使用调光开关,在夜晚创造情境灯光。

一个舒适的玄关应该是布置合理的，
能让你快速检查一下妆容是否得体，
然后抓起钥匙，冲出门外。

ENTRYWAY

玄关

ENTRYWAY

玄关

当客人们走进你的家中，首先映入他们眼帘的是什么？是一堆鞋子吗？一个散乱放着邮件、钥匙和其他随机物品的边柜吗？或者是一张长凳，上面钉了一些用于挂外套和雨伞的挂钩？无论客人们看到的是什么，这就是你给他们留下的第一印象。怎样将玄关布置得既美观又实用呢？我们的生活都很忙碌，我们都需要实际一点儿，不是吗？除非你有一位 24 小时为你工作的管家，否则如果你把围巾扔在地上，它可不会自己跑到挂钩上去。一个舒适的玄关应该是布置合理的，能让你快速检查一下妆容是否得体，然后抓起钥匙，冲出门外。

ENTRYWAY

玄关

让你家的玄关变得很棒的几个关键点:

1. 一张尺寸合适的桌子——不要太大,也不要太小。

2. 一把椅子或长椅,方便出门时换鞋。

3. 明亮的光线,别让客人陷于昏暗环境中。

4. 一面镜子,方便你在出门前检查妆容。

5. 一个放钥匙和硬币的小碟子。

6. 采用装饰品提升格调,比如瓷器、绿植、艺术品和陶器。

ENTRYWAY

玄关

玄关处的地毯既实用又美观。它有助于保持你家的清洁，防止泥土、雪水，以及其他恶劣天气留下的痕迹。你应该认真选择玄关的地毯，因为这是访客对你个人风格的第一印象。

可供选择的地毯类型：

1. 在人流量大的区域，羊毛地毯是最佳选择。

2. 丝绸很美，但不如其他织物那样牢固。

3. 棉布很牢固，但很容易积灰。

4. 黄麻纤维地毯能同时适用于室内和室外。

5. 基里姆地毯色彩鲜艳，极为华美。

6. 复古风地毯能带来一种恰到好处的怀旧感。

7. 簇绒地毯是有图案的，不像其他类型的地毯那么结实。

事实上,
儿童房为我们打开了一个有趣的新世界,
开启鲜明设计风格的可能性。
它使我们能够大胆地行动,
任想象自由驰骋,打造全新的空间。

KID'S
ROOM

儿童房

KID'S
ROOM

儿童房

我的孩子们刚出生时,我花了大量的时间装饰育儿室。我希望它看上去和杂志中一样精致美好。在最初的几个月里,房间的设计一直没有变动。一切都很完美。不久后,他们开始蹒跚学步了,这改变了一切。我得将容易打碎的物品放在更高的置物架上。我再也不能把贵重的艺术品悬挂在墙上了。他们的房间已经变成了迷你健身房。我儿子就像一只喜欢攀爬的猴子,他会扯下任何触手可及的东西。即便是在这样的过渡期,我也不希望孩子们的卧室或游戏室失去风格。我坚信,一个空间可以同时兼具美观和实用性。装饰儿童房,并不意味着牺牲格调。事实上,儿童房为我们打开了一个有趣的新世界,开启鲜明设计风格的可能性。它使我们能够大胆地行动,任想象自由驰骋,打造全新的空间。要么不做,要么做得彻底!

KID'S
ROOM

儿童房

打造完美儿童房的小建议

孩子们拥有无穷无尽的创造力,应该让他们生活在色彩缤纷、充满想象力、充满欢乐细节的空间里。以下是几个装饰儿童生活空间的小建议:

1. 色彩

让你的孩子们参与色彩选择过程。让他们选择自己喜欢的颜色,然后在布置房间时选用这些颜色,哪怕只有一个抱枕或一个毛绒玩具采用了他们所选择的色彩。这是他们的房间。如果你征求他们的意见,他们一定会很有成就感!

KID'S
ROOM

儿童房

2. 家具

质量比数量重要得多。高品质的家具能够经得起时间的考验，在设计上更加精湛，并且没有流水线的廉价感。选择适应性强的床，比如可以充当单人床的婴儿床，或者选择可以在家中其他房间同样适用的通用款式家具。

KID'S
ROOM

儿童房

3. 装饰品

通过装饰品增添色彩。 你可以不时更换抱枕、艺术品、地毯、挂钩，甚至毛绒玩具。选择俏皮、明亮的物品，给你的时尚空间增加一点儿童趣。

KID'S
ROOM

儿童房

4. 主题

注意避免主题公园的倾向。远离那些带有经典电视节目或电影角色图案的物品。你的孩子们喜爱迪士尼电影,并不意味着他们的房间就得布置得像迪士尼乐园一样。给他们一些主题玩具和主题书籍就可以了。

KID'S
ROOM

儿童房

5. 储存

应该便于物品储存。 不要将储存空间设计得太复杂，因为最终你会发现难以将物品进行归类，房间也会因此显得乱糟糟的。

一个美好的家，应该是充满回忆，彰显个性的。
而你只需使用现有的装饰品，
并将它们与一些较为新颖的装饰物进行混搭，
就能达到这个目的。

STYLE WITH
WHAT YOU HAVE

物尽其用

STYLE WITH
WHAT YOU HAVE

物尽其用

室内设计中的一个巨大的误区,就是误以为你必须得疯狂购物,大肆购买新装饰品。大错特错!一个美好的家,应该是充满回忆,彰显个性的。而你只需使用现有的装饰品,并将它们与一些较为新颖的装饰物进行混搭,就能达到这个目的。在下文中,我将向你展示如何利用家中的闲置物品来巧妙布置你的空间。

STYLE WITH
WHAT YOU HAVE
―――――――
物尽其用

1. 书籍

书籍是营造优雅格调的最简单的方式。书籍有多种排列、摆放的方法。最流行的是混搭摆放法。试着混搭横放和竖放的书籍。可以在同一层书架中进行混搭摆放。也可以试着在整个书架中尝试混搭摆放：一层书架中的书全部横放，而另一层书架中的书全部竖放。另一种流行的排列方法是，根据颜色排列书籍。你可以用这个简单的想法创造出一种很酷的彩虹效果的书架。此外，如果你不想看到任何色彩，可以把你的书全部书脊朝里摆放，塑造中性风格。

STYLE WITH
WHAT YOU HAVE

物尽其用

2. 传家宝
你是否有从你的姨婆那里遗传下来的陶瓷小鸟，或者祖母传下来的装饰花瓶？ 少量地采用这些物品，能给一组简单的饰品摆件增添个人特色。

STYLE WITH
WHAT YOU HAVE

物尽其用

3. 瓶子、容器、花瓶

这些东西我有整整一壁橱，是为了各种晚宴、派对和节假日而特意储备的。只要一有机会，我就会用鲜花装饰居室，因此手头有足够多的花瓶，真的非常重要。

STYLE WITH
WHAT YOU HAVE

物尽其用

4. 家庭照片
平时我没有在家中摆放家庭照片的习惯,但每当节假日到来时,我会变得格外多愁善感,于是我就会拿出孩子们小时候的照片,摆放在家中的各处。

STYLE WITH
WHAT YOU HAVE

物尽其用

5. 毯子

你永远不知道什么时候你会想在房间里增添一点儿色彩或图案。那么毯子是最适合了。它既能增添特殊韵味，又不会使整个房间有大变化。你可以随意把毯子铺在长椅上，甚至扔在咖啡茶几上。

STYLE WITH
WHAT YOU HAVE

物尽其用

6. 杂志

和书籍一样,杂志也是填充空白空间的灵丹妙药。把杂志堆成一堆,将装饰性物品放在杂志上或杂志旁。

STYLE WITH
WHAT YOU HAVE

物尽其用

7. 艺术品

我很少丢弃艺术品。你永远不会知道什么时候你想布置一个艺术画廊,或者想在一面白墙上添点儿什么。艺术品是必不可少的,它能给房间带来个性和色彩,提升质感。这点非常重要。

STYLE WITH
WHAT YOU HAVE

物尽其用

8. 陶瓷制品
它们能立刻给一组饰品摆件或台面增添色彩和图案。

STYLE WITH WHAT YOU HAVE

物尽其用

9. 植物

它们能立即赋予一个空间色彩和生机。你可以将植物摆放在任何一个房间中,并能经常移动它们。

STYLE WITH
WHAT YOU HAVE

物尽其用

10. 烛台

烛台是给一组饰品摆件增加高度的绝好装饰品。你可以混搭不同金属和颜色的烛台,也可以保持风格一致。

她布置的不仅是一个漂亮的展览室,
还是一个温馨的家。
对她来说,生活中不仅要有美的事物,
还要有美好的回忆和幸福感。

STYLE WITH WHAT YOU
FOUND ON YOUR JOURNEY

旅途中寻宝

STYLE WITH WHAT YOU
FOUND ON YOUR JOURNEY

旅途中寻宝

【10】编者注：Pottery Barn 是一家美国的艺术家居品牌。"陶瓷谷仓"为本书译名，非品牌官方译名。

【11】编者注：HAY 是一家创立于 2002 年的北欧设计品牌，主打小清新和多样化快设计。

我总喜欢这样说：一个快乐的家，是一个经常四处游历的家。这并不是说，为了搜罗可以装饰你家的小玩意儿，你就非得去遥远的地方旅行。去附近转转，也能有不少收获，只要你能在旅途中发现具有某种特殊意味的东西，能勾起美好回忆的物件，或者对你和家人具有非凡意义的物品。你是否曾经走进别人家中，感觉他们的家就像一个"陶瓷谷仓"【10】（Pottery Barn）或"宜家"（Ikea）的某间陈列室？他家的一切都是从某一家商店中采购来的，给人感觉枯燥乏味。生活本身就很艰难了，以至于我们根本无暇理会自己的家是那样毫无生气，让人沮丧。摆放一些怀旧的物件会让你的家看起来像搬来整整一卡车的 HAY 品牌家具【11】一样时尚。

在我小时候，我的祖父母生活在一个简陋的移动房屋里。房屋的周边环境非常优美，绿树成荫，奶牛们结

STYLE WITH WHAT YOU
FOUND ON YOUR JOURNEY

旅途中寻宝

伴而行，还有一群可爱的小鸡。这绝对不是什么豪宅，但祖母把它收拾得像豪宅一样精美。她在家中摆满了各种美丽的玩意儿，那些都是她多年来收集的。各种传家宝、照片和装饰品，在家中随处可见。我的舅老爷们画的画儿，被她自豪地挂在家中。

祖母用心地布置着她的生活空间。她布置的不仅是一个漂亮的展览室，还是一个温馨的家。对她来说，生活中不仅要有美的事物，还要有美好的回忆和幸福感。这是非常重要的。

相关资源

下面列出了一些我非常喜欢的设计品牌的网站清单：

装饰品

A+R

www.aplusrstore.com

Anthropologie

www.anthropologie.com

Far & Wide Collective

www.farandwidecollective.com

The Land of Nod

www.landofnod.com

Local and Lejos

www.localandlejos.com

Menu

www.menu.as

Minimal

www.minimal.com

Royal Design

www.royaldesign.com

Schoolhouse Electirc

www.schoolhouseelectric.com

Target

www.target.com

Tictail

Tictail.com/market

To the Market

www.tothemarket.com

Urban Outfitters

www.urbanoutfitters.com

艺术品

Art

www.art.com

Art Crate

www.artcrate.co

I love My Type

www.ilovemytype.com

Jaime Derringer

www.jaimederringer.com

Minted

www.minted.com

Olleeksell

www.olleeksell.tictail.com

The Poster Club

www.theposterclub.com

家具

Apt 2B

www.apt2b.com

Bludot

www.bludot.com

Bryght

www.bryght.com

Crate&Barrel

www.crateandbarrel.com

Design Public

www.designpublic.com

DotandBo

www.dotandbo.com

Dwell Studio

www.dwellstudio.com

Ferm Living

www.fermliving.com

Homestead Seattle

www.homesteadseattle.com

Joss & Main

www.jossandmain.com

Lexmod

www.lexmod.com

Lulu & Georgia

www.luluandgeorgia.com

Menu

www.menu.as

Modani

www.modani.com

Mutto

www.muuto.com

Normann-Copenhagen

www.normann-copenhagen.com

Overstock

www.overstock.com

PB Teen

www.pbteen.com

Restoration Hardware

www.restorationhardware.com

Room and Board

www.roomandboard.com

Rove Concepts

www.roveconcepts.com

True Modern

www.truemodern.com

2 Modern

www.2modern.com

Wayfair

www.wayfair.com

West Elm

www.westelm.com

Yliving

www.yliving.com

照明设备

Armadillo co

www.armadillo-co.com

Barn Light Electric

www.barnlightelectric.com

Bludot

www.bludot.com

The Citizenry

www.the-citizenry.com

DotandBo

www.dotandbo.com

Royal Design

www.royaldesign.com

Foscarini

www.lightology.com

Ikea

www.ikea.com

The Land of Nod

www.landofnod.com

PB Teen

www.pbteen.com

Restoration Hardware

www.restorationhardware.com

Schoolhouse Electric

www.schoolhouseelectric.com

Target

www.target.com

Triple Seven

www.tripleseven.com

West Elm

www.westelm.com

地毯

Dwell Studio

www.dwellstudio.com

H&M Home

www.hm.com

Homestead Seattle

www.homesteadseattle.com

Ikea

www.ikea.com

One Kings Lane

www.onekingslane.com

PB Teen

www.pbteen.com

Solo Rugs

www.solorugs.com

Urban Outfitters

www.urbanoutfitters.com

West Elm

www.westelm.com

World Market

www.worldmarket.com

Yliving

www.yliving.com

纺织品

Arro Home

www.arrohome.com

By Molle

www.bymolle.com

Canvas Home Store

www.canvashomestore.com

The Citizenry

www.citizenry.com

Cotton and Flax

www.cottonandflax.com

Coveted Home

www.covetedhome.com

Deny Designs

www.denydesigns.com

Design Public

www.designpublic.com

Design Within Reach

www.dwr.com

Far & Wide Collective

www.farandwidecollective.com

Fashionable

livefashionable.com

Ferm Living

www.fermliving.com

Happy Habitat
www.happyhabitat.net

Heather Winn Bowman
www.heatherwinnbowman.com

Jaymee Srp
www.jaymeesrp.com

Local and Lejos
www.localandlejos.com

Louise Gray
www.louisegray.com

Shop Territory Design
www.shopterritorydesign.com

Society 6
society6.com

To the Market
www.tothemarket.com

Zara Home
www.zarahome.com

壁纸

Chasing Paper
www.chasingpaper.com

Cole and Son
www.cole-and-son.com

Ferm Living
www.fermliving.com

Makelike
www.makelike.com

Walls Need Love
www.wallsneedlove.com

致　谢

下面是一些我非常想感谢的人：佩奇·弗伦奇（Paige French），他看到了我的愿景，并为每个室内空间进行摄影，谢谢你！感谢黛安娜·文蒂米利亚（Diana Ventimiglia）和斯特灵出版公司团队看到了我的潜力，给了我这个改变人生的机会。感谢让娜·史密斯（Janna Smith），她是人人都想得到的最佳助理。感谢让·李（Jenn Lee）的鼓励，让我在写作时获得信心。感谢以下这些家庭，允许我为了编写这本书而闯入他们家中搜集素材：巴斯一家（Barths）、克伦一家（Krens）、费希尔一家（Fishers）、萨利纳斯一家（Salinas's）、苏厄德一家（Sewards）、科菲尔德一家（Coffields）、沃恩一家（Vaughns）、劳贝克一家（Loubeks）、史密斯一家（Smiths）、艾森一家（Eisens）、约翰逊一家（Johnsons）、麦克费林一家（McFerrins）。你们都是最棒的！感谢我遍布各地的亲朋好友，在写书的这段小小的旅程中，他们经常给我鼓励。感谢我的妈妈，感谢她时刻为我祈祷。感谢我的两个孩子，他们是来自天国的小天使。感谢我超帅的丈夫，他在16年前娶了我，之后一直是我最好的朋友。感谢上帝一直是我最亲近的朋友。

作者简介

室内设计师柯尔斯滕·格罗夫一直对室内设计充满热情。如今,柯尔斯滕的博客——"简约格罗夫"(Simply Grove),是她展示一切具有美感的事物的大本营。作为一个全球优秀室内设计和装饰的展示平台,"简约格罗夫"博客始创于 2008 年,现在它已成为创意人才的云集之地,吸引了大量酷爱室内设计、爱好设计美物的同道中人。柯尔斯滕为全球各地的广大客户提供设计服务。她最近的一些项目包括:斯德哥尔摩的住宅、西雅图的商业不动产,以及位于纽约、洛杉矶和丹佛的多个住宅项目。

如果你在下列出版物和网站上看到柯尔斯滕的大名时,你可别感到惊讶:Better Homes and Gardens、Caesarstone、Hayneedle.com、Martha Stewart.com 和 2Modern。她曾为以下杂志、网站担任特约作者:Better Homes and Gardens、Gray、Lucky、The Nest、Real Living。她还为这些博客写过文章:Apartment Therapy、decor8、Design *Sponge、Wedding Chicks、Elle Decor.com、HGTV.com、Martha Stewart.com,等等。她曾被 Better Homes and Gardens 评选为十佳室内装饰

博主之一，2011 年被 Babble 在线育儿杂志评选为"设计师妈妈博主"（Design Mom Bloggers）前 50 强。她也是 2011、2012、2013 年度 Alt 设计峰会及其他美国各地设计会议的发言人。柯尔斯滕和易趣网（eBay）、通用集团（GMC）、美国劳氏公司（Lowe's）、日产汽车公司（Nissan）、陶瓷谷仓和美国宣伟公司（Sherwin-Williams）等知名企业，均有合作关系。

柯尔斯滕提供全面的设计服务，包括电子装饰（全部在网上进行）、室内设计、新建项目设计、商业设计和其他与设计相关的服务。欢迎写信给柯尔斯滕，您可以发往以下地址：kirsten@simplygrove.com。

家的细节：
打造精致简约的轻居生活

[美] 柯尔斯滕·格罗夫 著

王敏 译

图书在版编目（CIP）数据

家的细节：打造精致简约的轻居生活 /（美）柯尔斯滕·格罗夫著；王敏译. — 北京：北京联合出版公司，2019.3（2020.7 重印）
ISBN 978-7-5596-0742-3

Ⅰ.①家… Ⅱ.①柯…②王… Ⅲ.①室内装饰设计 Ⅳ.① TU238.2

中国版本图书馆 CIP 数据核字 (2018) 第 259735 号

Simply Styling: Fresh & Easy Ways to Personalize Your Home

text by Kirsten Grove
photo by Paige French

Text © 2016 by Kirsten Grove
Originally published in 2016 in the United States by Sterling, an imprint of Sterling Publishing Co., Inc., under the title Simply Styling. This edition has been published by arrangement with Sterling Publishing Co., Inc., 1166 Avenue of the Americas, New York, NY, USA, 10036
Simplified Chinese edition copyright © 2019 by United Sky (Beijing) New Media Co., Ltd.
All rights reserved.

北京市版权局著作权合同登记号 图字：01-2018-7770 号

选题策划	联合天际
责任编辑	徐 鹏
特约编辑	桂 桂
插图摄影	[美] 佩奇·弗伦奇（Paige French）
装帧设计	汐 和
美术编辑	程 阁

出　　版	北京联合出版公司	
	北京市西城区德外大街 83 号楼 9 层 100088	
发　　行	北京联合天畅文化传播有限公司	
印　　刷	嘉业印刷（天津）有限公司	
经　　销	新华书店	
字　　数	90 千字	
开　　本	720 毫米 ×1000 毫米 1/16 13.5 印张	
版　　次	2019 年 3 月第 1 版　2020 年 7 月第 3 次印刷	
I S B N	978-7-5596-0742-3	
定　　价	75.00 元	

关注未读好书

未读 CLUB
会员服务平台

本书若有质量问题，请与本公司图书销售中心联系调换
电话：010）52435752　(010) 64258472-800

未经许可，不得以任何方式
复制或抄袭本书部分或全部内容
版权所有，侵权必究